D1589723

© **Éditions de la Paix**
Dépôt légal : 3e trimestre 1992
Bibliothèque nationale du Québec
Bibliothèque nationale du Canada
Diffusion : Les Éditions de la Paix

PETITS PROBLÈMES
AMUSANTS

DU MÊME AUTEUR

Ouvrages:
Le Processus pédagogique du plein air, *nouvelle édition à paraître*, Longueuil, Éditions de la Sarracénie, janvier 1990.

Quatre cousins Loudunais en Nouvelle-France, *histoire des ancêtres Fillastreau, Lorin et Gouin*, préface de Marcel Trudel, prix Percy-W. Foy (1987) de la Société généalogique canadienne-française, *à paraître*, Éditions du Fleuve, été 1990.

Ellie à la colo, *roman pour les douze à quatorze ans, à paraître.*

Fiction:
«Rapport du lieutenant-explorateur Brime», nouvelle, troisième choix du jury au troisième Concours littéraire de la revue *Lurelu*, dans *Lurelu*, vol. 12, n° 2 (automne 1989), pp. 20-21.
«La divine faillite», conte.

Parmi les articles:
«Essai de psychocritique d'*Agaguk* d'Yves Thériault», dans *Voix et images du pays VII*, Montréal, Les Presses de l'Université du Québec, 1973, pp. 13-49.

«De la psychocritique ou Confession d'un enfant du siècle» dans *Voix et images du pays*, VIII, Montréal, Les Presses de l'Université du Québec, 1974, pp. 209-215.

«L'Univers schizoïde de Saint-Denys Garneau», dans *Écrits du Canada français*, n° 64, Montréal, 1988, pp. 154-182.

«Le Dompteur d'ours ou Hermann-le-Rédempteur», étude mythographique du roman d'Yves Thériault, *à paraître.*

Sur l'enseignement de la mathématique:
«Un coup de dés: découvrir les probabilités», dans *Envol,* revue publiée par le Groupe des responsables en mathématique au secondaire, n° 41, octobre 1982, pp. 38-41.

«Le problème du réseau routier», dans *Envol,* n° 43, mars 1983, pp. 44-48.

«Six chances sur trente-six?», dans *Envol,* n° 53, novembre 1985, pp. 12-15.

«Résoudre un problème ou douter de sa solution ?», dans *Envol,* n° 57, novembre 1986, pp. 46-48.

Chronique «À vos plumes», dans *Instantanés mathématiques,* revue de l'Association des promoteurs de l'avancement de la mathématique à l'élémentaire, vol. XXIV, n° 1, septembre 1987, pp. 49-51.

En préparation:
L'Émigration du Haut-Poitou vers la Nouvelle-France, Longueuil, Éditions de la Sarracénie, 1991.

Pierre Lorin, dit La Chapelle, et sa descendance. Histoire des familles Larin, Laurin, Lorrain... d'Amérique.

Mort d'Homme, roman.

À Sandra Bergeron-Larin,
avec toute mon affection.

Robert Larin

Petits problèmes amusants

·ÉDITIONS DE LA PAIX·

TABLE DES MATIÈRES

PRÉFACE

Les mots **divertir** et **amuser** agrémentent les propos de l'auteur et il faut y déceler une invitation a redécouvrir le plaisir du jeu. Mais il est vrai que cette invitation renferme quelques pièges.

En effet, comment associer les notions de divertissement au fait de résoudre des problèmes, surtout lorsque ceux-ci comportent ("trop souvent" diront certaines personnes) des chiffres!

Premier piège: les chiffres semblent faire partie d'un domaine de la connaissance où la confrontation règne et évacue la possibilité de s'amuser. Et pourtant, le problème nous convie d'abord à relever un défi: jouer à chercher des solutions. Malheureusement, les chiffres associés à l'apprentissage de l'arithmétique et des mathématiques, nous rappellent qu'en classe on a sifflé la fin de la récréation.

Deuxième piège: le malaise éprouvé devant notre incapacité à donner la bonne réponse, voire même à imaginer les meilleures solutions. Si nous remplacions notre peur du ridicule par l'exploration dans la fantaisie, les meilleures réponses seraient alors empreintes d'humour, d'insolite.

Troisième piège: penser "autrement", soit, sortir du confort de l'autoroute pour emprunter des sentiers en terre inconnue. Découvrir que nous pouvons exercer divers modes de pensée et, à la manière du jongleur, jouer avec les données du problème jusqu'à ce qu'elles dessinent dans l'imaginaire des configurations inédites.

Accepter que des "petits problèmes puissent être amusants", c'est accepter que ces pièges ne transforment pas l'invitation de l'auteur en une course à obstacles... que nous portons en nous-mêmes. Il faut plutôt y voir une chasse aux trésors, ceux-là mêmes que nous avons enfouis sous le couvert du sérieux.

Relevons le défi en nous répétant que, si nous voulons formuler les meilleures solutions, nous devons cesser de faire partie du problème.

René Bernèche, professeur
Département de psychologie
Université du Québec à Montréal

PRÉSENTATION

Plusieurs élèves, en début d'année, se sont certes un peu amusés en classe de mathématique mais ont surtout bien travaillé et appris en résolvant ces problèmes. Ceux-ci font moins appel à des notions mathématiques qu'à des attitudes et des habiletés comme l'observation, l'imagination, la créativité, la logique, l'intuition, la prudence intellectuelle, la critique, la discussion, la capacité de structurer des raisonnements, d'imaginer des hypothèses, de déterminer la meilleure solution... Bref, ces exercices visent à faire naître chez les jeunes, principalement chez les «mathophobes», l'habitude et le goût de résoudre des problèmes. Je dédie donc ce recueil à mes consoeurs et confrères enseignants qui sauront l'utiliser dans cette perspective. J'ai placé à leur intention, à la toute fin, quelques observations personnelles qui m'ont conduit des exercices déprimants aux problèmes amusants.

Ces problèmes conservent toujours leur vocation première : celle de divertir. C'est souvent au cours de rencontres amicales qu'on trouvera des solutions parfois inédites et souvent très drôles. Il me fait donc plaisir de vous les offrir. Ils sauront vous amuser autant que vous faire réfléchir. Certains problèmes sont très faciles et pourront être résolus par de jeunes enfants alors que d'autres s'adressent davantage aux plus vieux et aux adultes. Certains n'ont qu'une seule solution tandis que d'autres

11

restent ouverts. Mais, chaque fois, la seule consigne est de trouver une réponse pertinente. Toute réponse que vous pouvez justifier sera toujours acceptable, à moins que l'un ou l'autre de vos ami(e)s y trouve objection. J'indique à la fin mes solutions. À vous d'en trouver des meilleures... ou des plus amusantes.

Robert Larin

1

Combien de dates de naissance a une femme de cinquante ans ?

2

Ildefonse Laporte qui vit au Canada peut-il être enterré aux États-Unis ?

3

Le célèbre explorateur Bonaventure Laplace est mort au cours d'un de ses trois voyages. Dans quel voyage est-il mort ?

4

Au baseball, combien y a-t-il de retraits dans une manche ?

5

Monsieur G. Gagné et madame L.-A. Lachance jouent cinq parties d'échecs. Ils gagnent chacun le même nombre de parties et il n'y en a pas de nulles. Comment cela est-il possible ?

6

Jean-Baptiste Berger a cent moutons. Combien lui en reste-t-il s'il a décidé d'en vendre cinquante ?

7

Combien d'animaux de chaque espèce Moïse a-t-il fait entrer dans l'arche ?

8

Monsieur Fabien Lamoureux peut-il épouser la sœur de sa veuve ?

9

Jusqu'où Robin des Bois pouvait-il entrer dans la forêt de Sherwood ?

10

Hubert Lechasseur n'a qu'une seule allumette. Il entre au camp pour se réchauffer et y trouve un poêle au bois, un poêle à l'huile et un poêle au gaz. Qu'allume-t-il en premier ?

11

Il y a 30 cm entre chacun des six barreaux d'une échelle fixée à un bateau. En combien de temps l'eau, qui touche le premier barreau, atteindra-t-elle le sixième échelon si la marée monte de 30 cm par heure ?

12

Réarranger les lettres de *Mouton-veau* pour former un nouveau mot.

13

Dans C I N S Q U L R E P T R T I R S E S E, biffer cinq lettres afin que celles qui restent forment un mot français bien connu.

14

Deux filles sont nées de mêmes parents, le même jour du même mois à la même heure et pourtant ce ne sont pas des jumelles. Pourquoi ?

15

Marc et Paulo partent en voiture pour un long voyage de 60 000 kilomètres. Leur voiture est équipée de quatre pneus neufs garantis chacun pour 15 000 km. Est-ce suffisant ?

16

Quel mot français est toujours prononcé mal par tous les professeurs de mathématique ?

17

Quelle est l'expression exactement opposée à «pas ici» ?

18

Pouvez-vous comprendre la signification de cette énigme : 8 234 567,19 ?

19

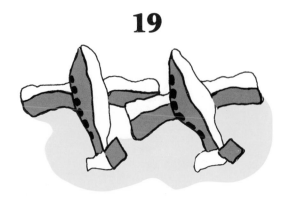

Un avion met huit heures pour se rendre en Europe. Combien de temps mettront deux avions ?

20

On peut lire sur l'enseigne du barbier de Séville: «Je rase tous les hommes qui ne se rasent pas eux-mêmes et uniquement ceux-là.» Le barbier se rasera-t-il lui-même ?

21

Il y a deux coiffeurs à Sainte-Barbe. L'un est très soigné alors que l'autre est très mal coiffé. Quel coiffeur choisira un professeur de mathématique en vacances dans ce village ?

22

Un train quitte la gare et s'engage aussitôt dans un long tunnel. Dans quel wagon un passager claustrophobe devrait-il s'asseoir ?

23

Alexis Trottier constate qu'il parcourt une épreuve de vingt kilomètres en 80 minutes lorsqu'il porte un maillot bleu et en une heure et vingt minutes lorsqu'il est vêtu autrement. Pouvez-vous expliquer cela ?

24

Quelle horloge fonctionne le mieux; celle qui perd une minute chaque jour ou celle qui ne fonctionne pas du tout ?

25

Edgar Poe soutient qu'au jeu de dé, si le  sort cinq fois de suite, les chances d'en obtenir un autre au coup suivant sont très faibles. Pouvez-vous les calculer ?

26

Jason trouve son nom dans le calendrier. Savez-vous comment ?

27

Mélodie Castafiore a successivement nommé ses enfants : Dominique, Régis, Mireille, Fabrice, Solange et Laurent. A-t-elle nommé la fille suivante: Agathe, Simone, Raymonde ou Adèle ?

28

Pouvez-vous déchiffrer ceci :

a) LA VI $\text{SI} \mid \overset{\text{1000}}{} $ E

b) © I R

29

Quel est le sens de ce message ?
20 100 M E 1000 I

30

Il y a trois oiseaux perchés sur une branche. Combien en reste-t-il si on en abat un avec un fusil ?

31

Rose et Marguerite Lafleur sont nées des mêmes parents, le même jour du même mois à la même heure et aussi de la même année. Elles ne sont pourtant pas jumelles. Pourquoi ?

32

Qu'y a-t-il de pire qu'une girafe qui souffre du mal de gorge ?

33

Je déteste prendre mon auto inutilement. Aussi, je me rends à pied lorsque je visite mon deuxième ou mon troisième voisin. Je prends par contre toujours mon automobile pour aller chez mon premier voisin. Pourquoi ?

34

Agnès Toutant est née durant l'hiver. Le jour de son anniversaire de naissance, nous fêtons la Saint-Jean-Baptiste. Comment cela est-il possible ?

35

Pouvez-vous trouver un mot souvent employé en mathématique, ayant entre cinq et douze lettres, commençant par *CA*, se terminant par *UL* et ayant les deux lettres *L* et *C* au milieu ?

36

Combien y a-t-il de tonnes d'huile de foie de morue dans une baleine bleue ?

37

Au restaurant, madame Morin-Gouin trouve une mouche dans sa tasse de café et demande au serveur de lui en apporter une autre. À la première gorgée, elle s'exclame : «Mais c'est la même tasse.» Comment l'a-t-elle su ?

38

Épiménide qui aurait vécu au VIe siècle était lui-même crétois. Or, il affirmait que «tous les Crétois sont des menteurs». Faut-il le croire ?

39

Pouvez-vous déchiffrer ceci ? /L/I/R/E/

40

Eurina Côté est très déçue parce que le perroquet qu'elle a acheté refuse de parler. Le vendeur lui avait pourtant bien affirmé que l'oiseau répétait toujours tout ce qu'il entendait. Or, le vendeur n'avait pas menti. Avez-vous une explication ?

41

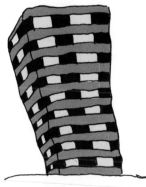

Pouvez-vous trouver au moins deux façons d'utiliser un baromètre pour déterminer la hauteur d'un bâtiment élevé ?

42

Si on attend au deuxième étage l'ascenseur pour monter au dernier étage d'un édifice de douze étages, le premier ascenseur qui s'arrêtera sera probablement un ascenseur qui descend. Pourquoi ?

43

Il y a beaucoup plus de gens qui meurent dans leur lit que de décès au cours d'un accident de la route. Cela signifie-t-il que le lit soit plus dangereux que l'automobile ?

44

Pouvez-vous déchiffrer ces rébus ?

        a) 13 et 3
        b) 7 a c
        c) Giiiiiiiiiiiiiiii
        d) GKC 1 9

45

Un trou a un mètre de profondeur, deux mètres de largeur et trois mètres de long. Quelle quantité de terre contient-il ?

46

Après être sorti de la piscine, le maître nageur Aubin Larivière n'avait aucun cheveu mouillé sur la tête. Comment est-ce possible ?

47

Que vous reste-t-il si vous séparez une pêche en deux morceaux et que vous en donnez une moitié à chacun de vos deux enfants ?

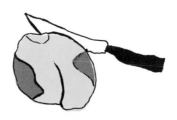

48

Voici trois pièces de monnaie. Est-il possible de changer de place celle du centre sans y toucher ?

49

Si trois poules pondent trois œufs en trois jours, six poules pondront-elles six œufs en six jours ?

50

Un avion s'écrase aux États-Unis mais tous les passagers sont canadiens. Où doit-on enterrer les survivants ?

51

Quel mot devient plus court par l'ajout d'un autre mot ?

52

Combien de pommes obtenez-vous si, de trois pommes, vous en enlevez deux ?

53

Comment faudrait-il écrire : onze cent onze millions onze cent onze mille onze cent onze ?

54

Pouvez-vous déchiffrer le sens de ce message ?

VE/NT

55

Diane Lechasseur envoie porter neuf lièvres à un copain avec cette carte: «Cher ami, je t'envoie ces IX lièvres que j'ai pris au collet.» Le messager malhonnête vole trois des plus belles bêtes et corrige la carte sans effacer une seule lettre. Comment a-t-il fait ?

56

Si une poule qui a deux pattes avance de 4 mètres en une minute et si un mouton qui a quatre pattes avance de 8 mètres en une minute, combien de pattes aura un cheval qui avance de 16 mètres en une minute ?

57

Le docteur Amédé donne trois pilules à son patient monsieur A. Vallée en lui recommandant d'en avaler une à toutes les demi-heures. Combien de temps durera la cure ?

58

J'ai un certain nombre de pièces de monnaie. Pourtant, je ne peux changer ni un dollar, ni 50 cents, ni 25 cents, ni 10 cents ni 5 cents, même si je possède en tout 1,15 $. Pouvez-vous déterminer exactement ce que je possède ?

59

«La phrase suivante est fausse.» «La phrase précédente est vraie.» Ces deux phrases sont-elles vraies ou fausses ?

60

Lequel est le plus lourd : 1 kg de plomb ou 1 kg de plumes ?

61

«Le nombre de mots de cette phrase est égal à onze.» Cet énoncé est évidemment exact. Trouver une phrase qui dit exactement le contraire tout en restant vraie.

62

Dieudonné Lacharité donne 1,00 $ à une personne. Dieudonné Lacharité est le frère de cette personne, mais celle-ci n'est pas le frère de Dieudonné Lacharité. Comment est-ce possible ?

63

Un statisticien fit passer un test de mathématique à tous les habitants d'un village de 6000 habitants et mesura en même temps la longueur de leurs pieds. Il trouva qu'en général, la capacité mathématique augmentait avec la longueur des pieds. Comment expliquer cela ?

64

Vous êtes chauffeur d'autobus. Votre véhicule peut transporter 48 élèves de première secondaire âgés de 12 à 13 ans. Pouvez-vous me dire l'âge du chauffeur ?

65

Un homme est à 100 mètres au sud d'un ours. L'homme marche 100 mètres en direction de l'est, vise avec son fusil vers le nord et tue l'ours. Quelle est la couleur de l'ours ?

66

«Une bonne automobile n'est pas bon marché.» «Les automobiles bon marché ne sont pas bonnes.» Ces deux phrases disent-elles la même chose ?

67

Combien 4 cm est-il contenu de fois dans 8 dollars ?

68

Quel est le plus lourd : 1 dm³ de plomb ou 1 dm³ de plumes ?

69

Cécile Cécire lit tout ce qui lui tombe sous la main. Un soir, elle avait presque terminé un roman d'amour, lorsque survint une panne d'électricité. Mais elle ne fut aucunement dérangée. Pourquoi ?

70

Un professeur de mathématique très fatigué se couche un soir à dix heures en remontant la sonnerie de son réveil-matin pour midi le jour suivant. Combien d'heures a-t-il dormi quand la sonnerie le réveille ?

44

71

Une horloge sonne six coups en cinq secondes. Combien sonnera-t-elle de coups en dix secondes ?

72

Un lapin mange 1 kg de carottes par semaine. Combien pèsera-t-il au bout d'une année ?

73

De quelle couleur était le cheval blanc de Napoléon ?

74

Quelle est le sens de ce message ?

R V 7 H E T 1 K 10 Lac

75

Si l'homme descend du singe et que le singe descend de l'arbre, pouvons-nous en conclure que l'homme descend de l'arbre ?

76

Si j'organise un tirage dans une classe de trente-deux élèves et que je choisisse un nombre gagnant inclu entre un et vingt-cinq, suis-je assuré qu'il y aura au moins un gagnant ?

77

Le produit des trois nombres premiers compris entre 6 et 15 a inspiré un beau conte. Lequel ?

78

Un fermier a 17 moutons. Tous sont morts sauf 9. Combien lui en reste-t-il ?

79

Une corde mesure un mètre à une heure. Combien mesure-t-elle à trois heures ?

80

Un mélange contient une tasse de vin et quatre tasses de jus. Un autre contient trois tasses de vin et douze tasses de jus. Quel mélange a davantage le goût du vin ?

81

Madame Anémone Poisson-Deschenaux a trois filles. Chacune des filles a deux frères. Combien d'enfants a madame Poisson-Deschenaux ?

82

Les statistiques démontrent que la plupart des accidents arrivent à proximité du domicile de la victime. Sommes-nous plus en sécurité sur de lointaines autoroutes ?

83

Un directeur de cirque veut engager un dompteur. Engagera-t-il Alfred qui fait chanter son chien ou Albert qui fait parler son chat ?

84

Tous les comédiens sont des artistes. Nous savons aussi que certains artistes sont aimés du public. Peut-on conclure qu'au moins quelques comédiens sont aimés du public ?

85

Quel mot se cache derrière chacun de ces deux dessins ?

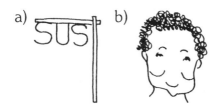

a) SUS

b)

86

G.-D. Soucis et sa fille, Calamité Soucis, sont en voiture quand ils ont un accident. Le père est tué et la fille est conduite à l'hôpital. Le chirurgien qui la reçoit déclare: «Je préfère que quelqu'un d'autre fasse l'opération, car c'est ma fille Calamité.» Comment expliquer cela ?

87

Un verre à moitié vide est-il moins vide ou plus plein qu'un verre à moitié plein ?

88

Prudent et Innocent Pendard sont jugés pour meurtre. Le jury déclare l'un d'eux innocent et l'autre coupable. Le juge se voit néanmoins dans l'obligation de les relâcher tous les deux. Pourquoi ?

89

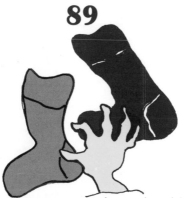

J'ai douze bas rouges et douze bas bleus dans un tiroir de ma commode. Si je suis dans l'obscurité, quel minimum de bas dois-je sortir du tiroir pour être certain d'en avoir au moins deux de la même couleur ?

90

L'explorateur Janvier Bellemare est condamné à mort. Il doit traverser un des trois corridors suivants. Le premier est envahi par les flammes. Le deuxième renferme vingt assassins armés jusqu'aux dents. Le troisième contient cinq lions affamés qui n'ont pas mangé depuis vingt ans. Quel corridor devrait emprunter Janvier Bellemare ?

91

La présidente du Cercle des fermières, madame Alice Petit-Cochon, trouve deux hommes dans son champ. Chacun d'eux possède un sac-à-dos. Celui dont le sac-à-dos est plein est mort tandis que l'autre dont le sac-à-dos est vide est en bonne santé. Comment expliquer cela ?

92

Il y a trois propositions fausses. Pouvez-vous les trouver ?

a) $2 + 2 = 4$
b) $3 \times 6 = 17$
c) $3 - 4 = 2$
d) $13 - 6 = 7$
e) $5 + 4 = 9$

93

Sylvain est né en 1970. Il avait 10 ans en 1980 et était en 5e année primaire. Le total de ces quatre nombres est 3965. Sylvie est née en 1965. Elle avait 15 ans en 1980 et était en 5e secondaire. Le total est encore 3965. Est-ce l'effet du hasard ?

94

Deux acteurs célèbres entrent dans un petit restaurant de campagne. Très heureux de pouvoir servir des personnages aussi connus, le propriétaire leur déclare : «Je préfère servir deux grands comédiens comme vous qu'un client qui serait par exemple facteur ou pompier.» Pouvez-vous expliquer le sens de cette phrase ?

95

Sept personnes se présentent au restaurant. Pourtant, il ne reste qu'une table et six chaises. La première personne s'asseoit, la deuxième personne s'asseoit sur les genoux de la première, la troisième personne prend la deuxième chaise, la quatrième personne la troisième chaise, la cinquième personne la quatrième chaise et la sixième personne prend la cinquième chaise. La deuxième personne assise sur les genoux de la première va finalement s'asseoir sur la dernière chaise. Comment a-t-on pu asseoir sept personnes sur six chaises ?

96

Quelle différence y a-t-il entre un dollar et demi et trente cinq cents ?

97

Avant de se rendre à l'aéroport, Désirée Lebœuf-Haché, présidente d'une chaîne de supermarchés, se rendit tôt le matin à son bureau afin de prendre des documents importants. En la voyant, Fortunat Veilleux, le veilleur de nuit, lui dit : «Ne prenez pas l'avion, je viens de rêver que vous aviez été tuée dans un accident d'avion.» Superstitieuse, madame Lebœuf-Haché décida de prendre le train et apprit que l'avion qu'elle devait prendre s'était écrasé sans aucun survivant. À son retour, elle remercia Fortunat Veilleux, lui donna une récompense et le congédia. Pourquoi ?

98

Quelle somme maximale puis-je avoir en monnaie sans pouvoir changer exactement un billet d'un dollar ?

99

Hier, les actions d'une importante compagnie gagnèrent quatre-vingts dix-millièmes de point à la bourse. Le courtier Adhémar Pion s'empressa de prévenir un de ses clients d'une remontée de quatre-vingt-dix millièmes de point. Or, aujourd'hui, le client accuse le courtier de l'avoir trompé. Comprenez-vous comment ?

100

Très déprimé, Bonaventure Gibet tenta de se pendre puis, plein de remords, alla rapidement se confesser de cette tentative de suicide à l'abbé Ben Allaire. Bonaventure reçut l'absolution et se pendit à nouveau dès sa sortie du confessionnal. Qu'avait bien pu lui dire son confesseur ?

101

Puisqu'il y a plus de personnes sur terre que de cheveux sur la tête de n'importe quelle personne, pouvons-nous en conclure qu'il y a au moins deux personnes sur terre avec le même nombre de cheveux ?

102

Quatre travailleurs mettent cinq jours pour refaire la toiture d'un édifice de dix étages. Combien de jours auraient mis huit travailleurs si l'édifice avait été deux fois plus haut ?

103

Avant hier, Pierre avait 18 ans. L'année prochaine, il en aura 21. Comment est-ce possible ?

104

Allez-vous répondre «non» à cette question ?

105

Dans une année, combien de mois ont 28 jours ?

106

Une grosse marmotte et une petite marmotte se font chauffer au soleil. La petite marmotte est la fille de la grosse marmotte, mais la grosse marmotte n'est pas la mère de la petite. Pourquoi ?

107

Pouvez-vous déchiffrer le sens de ce message ?

$$\frac{P}{G}$$

108

Diviser 30 par $\frac{1}{2}$ et ajouter 10. Quel est le résultat ?

109

Sabin Tremblay prenait souvent l'avion. Terrorisé par la possibilité de piraterie aérienne, il emportait toujours dans ses bagages une bombe désamorcée en se disant qu'il était fort peu probable qu'il y ait deux bombes dans le même avion. Avait-il raison ?

110

Le psychiatre Basile Confus, directeur d'un asile, avait l'habitude de soumettre les malades au détecteur de mensonges afin de déterminer lesquels pouvaient être libérés. Doit-il libérer un malade à qui on demanda: «Êtes-vous Napoléon» et qui répondit «non» alors que le détecteur montra qu'il mentait ?

111

Deux pièces de monnaie font 30 cents. La première n'est pas une pièce de vingt-cinq cents. Quelles sont ces deux pièces ?

112

Un archéologue trouve une pièce de monnaie ancienne datée de l'an 44 avant Jésus-Christ. «Cette pièce est fausse», dit-il. Comment l'a-t-il su ?

113

Un tuyau a été enterré en position verticale et une balle de ping-pong est tombée dans celui-ci. Comment peut-on l'en faire sortir ?

114

Quelle était la plus grande île avant la découverte de l'Australie ?

115

Des pièces de monnaie sont alignées. Il y a une pièce au centre, deux pièces devant une pièce et deux pièces derrière une pièce. Quel est le nombre minimum de pièces ?

116

Pâris Lafortune dit à Jean Caisse : «Je te parie un dollar que si tu me donnes cinq dollars, je t'en rendrai dix.» Jean Caisse doit-il tenir le pari ?

117

Une bicyclette à deux roues est attachée à une clôture constituée de quatre poteaux. Une voiturette à quatre roues est attachée à une clôture à huit poteaux. Combien de roues aura un tricycle attaché à une clôture de dix poteaux ?

118

Une balle de caoutchouc tombe du haut d'une tour de 32 mètres. Elle rebondit chaque fois de la moitié de la hauteur de sa chute. Combien fera-t-elle de bonds avant de s'immobiliser ?

119

Deux personnes décident de régler aux dés le différend qui les oppose. La première jette les trois dés et dit : «J'ai gagné puisque j'ai obtenu 12.» A-t-elle raison ?

120

Pouvez-vous refaire exactement cette figure en enlevant trois allumettes et en en ajoutant deux autres ?

121

Pouvez-vous déchiffrer ceci ?
LN E DCD AC AG

122

Savez-vous pourquoi les moines utilisent toujours une cuiller à soupe pour mettre du sucre dans leur tasse de thé ?

123

Armande Beauchesne avait un arbre magnifique dont elle était très fière. Lorsqu'elle constata que des voisins venaient cueillir des fruits sans sa permission, Armande posa cette affiche : «Celle ou celui qui cueille des fruits dans cet arbre recevra une amande.» Or, dès qu'elle eut posé son écriteau, Armande se fit voler toute sa récolte. Pourquoi ?

124

Perpétue Lalongé serait une écrivaine reconnue si elle pouvait faire preuve de plus de concision dans ses écrits. Lorsque son éditeur Manuel de Bellefeuille lui parla de l'ouvrage de Tacite Lecourt intitulé : *L'Art d'être bref*, Perpétue se précipita à la bibliothèque municipale croyant pouvoir y trouver de judicieux conseils. Pourtant, lorsqu'elle trouva l'ouvrage sur un des rayons, Perpétue n'y toucha même pas et s'en retourna très déçue. Savez-vous pourquoi ?

125

Lorsque Désiré Sincenne affirme avoir zéro cent dans son compte de banque, Fortuné Richard lui rétorque : «Je suis bien plus riche puisque j'ai zéro million de dollar en banque.» A-t-il raison ?

126

Monsieur Bona Petit constate que ses six poules pondent six œufs en six jours. Il se demande combien il lui faudrait de poules pour que la production soit de cent œufs en cent jours. Pouvez-vous l'aider ?

127

L'exploratrice Nanette Toutant-Boisvert doit-elle croire un indigène qui affirme n'y avoir plus de cannibales dans sa tribu puisque le dernier a été mangé la veille ?

128

Pourquoi le mille-pattes est-il arrivé en retard chez le vétérinaire ?

129

Pourquoi l'infirmier Magloire Chassé préféra-t-il ne pas réveiller le patient Innocent Bienvenu pour lui donner son médicament ?

130

Faut-il un minibus pour asseoir quatre pères, deux grands-pères et quatre fils ?

SOLUTIONS

1. Une seule.

2. Non. Si un homme qui est mort au Canada peut être enterré aux États-Unis, un homme qui *vit* au Canada ne peut l'être.

3. Il est mort au cours de son dernier voyage à moins que l'on considère comme dernier voyage celui au cimetière.

4. Six (trois par équipe).

5. Ils ne jouent pas l'un contre l'autre.

6. Cent. Il ne les a pas vendus; il a seulement décidé de les vendre.

7. Aucun. C'est Noé qui avait un arche.

8. Non, puisqu'il est mort.

9. Jusqu'au milieu de la forêt, puisque après il commence en sortir.

10. L'allumette.

11. Jamais. Le bateau flotte même si la marée monte. Il ne faut pas confondre avec une échelle qui serait fixée à un quai.

12. *Nouveau mot.*

13. Biffer C I N Q   L E T T R E S pour obtenir *surprise*.

14. Elles ne sont pas nées la même année.

15. Non. Ils ne pourront faire que 15 000 km avec ces pneus.

16. Seulement le mot *mal* se prononce *mal*.

17. Ici.

18. Huit millions deux cent trente-quatre mille cinq cent soixante-sept et dix-neuf millièmes.

19. Huit heures.

20. Bertrand Russell a créé ce paradoxe pour concrétiser son paradoxe sur les ensembles. Si le barbier se rase lui-même, il entre alors en contradiction avec son enseigne. S'il ne se rase pas lui-même, il fait alors partie par définition de l'ensemble de ceux qui peuvent être rasés par le barbier.

21. Il se présentera chez le coiffeur mal coiffé. Les deux coiffeurs se sont coiffé l'un l'autre. Celui qui est mal coiffé a bien coiffé l'autre coiffeur.

22. Dans le dernier. Puisque le train accélère en quittant la gare, le dernier wagon passera le plus rapidement dans le tunnel.

23. Une heure vingt minutes équivaut à quatre-vingts minutes.

24. Lewis Caroll a résolu ce problème. L'horloge qui perd une minute par jour sera à nouveau à l'heure exacte après avoir perdu douze heures, c'est-à-dire dans sept cent vingt jours. L'horloge arrêté donne l'heure exacte deux fois par jour.

25. Une chance sur six. Les dés ne se souviennent pas des résultats antérieurs.

26. Lettre initiale des douze mois : J. F. M. A. M. J. <u>J. A. S. O. N.</u> D.

27. Simone. Mélodie Castafiore est mélomane. *Do, Ré Mi...*

28. a) La vie est traversée par mille soucis. b) J'ai dansé hier.

29. Vincent aime Émilie.

30. Aucun. Les autres se sont envolés.

31. Se sont des siamoises. Elles peuvent aussi être nées le «même jour» dans deux semaines différentes du même mois (superfétation). Peut-être aussi ne sont-elles pas jumelles parce qu'ayant une troisième sœur, elles sont plutôt des triplées.

32. Un mille-pattes ayant des cors aux pieds.

33. Le premier voisin est un ciné-parc ou un terrain de stationnement.

34. Elles est née dans l'hémisphère Sud.

35. Calcul.

36. Il n'y en a pas.

37. Elle avait sucré son café avant de voir la mouche. Autre réponse : le garçon lui a apporté «une autre» mouche.

38. Il n'y a pas de solution. Le paradoxe du menteur contient une contradiction interne. Les Grecs étaient étonnés qu'une phrase de bon sens ne puisse être ni vraie ni fausse sans se contredire elle-même. Un stoïcien nommé Chrysyppe aurait écrit six traités sur ce paradoxe dont malheureusement aucun ne nous est parvenu. Saint Paul fait allusion à ce paradoxe dans l'épître à Tite I, 12-13.

39. Lire entre les lignes.

40. Le perroquet est sourd.

41. En plus de la méthode usuelle, on peut offrir au concierge le baromètre s'il accepte de révéler la hauteur du bâtiment. On peut faire descendre à partir du toit le baromètre attaché au bout d'une ficelle jusqu'au trottoir, puis remonter et mesurer la longueur de la ficelle. On peut aussi laisser tomber le baromètre en bas de l'édifice et calculer le temps qu'il mettra à se rendre au sol ($h = \frac{1}{2}gt^2$). Autres solutions possibles.

42. Dans la cage de l'ascenseur, par rapport au deuxième étage, il y a une chance que l'ascenseur soir au premier et monte, et dix chances qu'il soit au 3e, 4e, 5e... et descende vers le deuxième. On a donc 90 % des chances d'avoir un ascenseur qui descend.

43. Évidemment non.

44. a) Très étroit. b) C'est assez. c) J'ai saisi. d) J'ai cassé un œuf.

45. Un trou est vide par définition. Il pourrait contenir 6 m³ de terre.

46. Il est complètement chauve.

47. Le noyau.

48.

49. Non. Trois poules pondent un œuf par jour, six poules pondront deux œufs par jour et douze en six jours.

50. On n'enterre pas les survivants.

51. Le mot *court* devient *plus court* si on lui ajoute le mot *plus*.

52. On aura deux pommes si on en prend deux.

53. 1 112 112 111.

54. Coupe vent.

55. Il a ajouté un *S* pour faire *SIX* lièvres.

56. Quatre pattes.

57. Une heure s'écoule entre la première et la dernière pilule.

58. Une pièce de 50 cents, une pièce de 25 cents et quatre pièces de 10 cents.

59. Paradoxe. Si la première est vraie, la deuxième est alors fausse et la première devient fausse. Si on suppose la première fausse, par le même raisonnement, on obtient qu'elle soit vraie.

60. Ils sont tous les deux équivalents à 1 kg.

61. Le nombre de mots de cette phrase n'est pas égal à onze.

62. C'est la sœur de Dieudonné Lacharité.

63. Dans «tous les habitants», il incluait les enfants et les bébés.

64. Oui, puisque *vous* êtes le chauffeur.

65. Blanc, puisque c'est un ours polaire.

66. Au point de vue logique, elles sont équivalentes à «Il n'y a pas de voitures à la fois bonnes et bon marché». Psychologiquement, le première phrase suggère une voiture bonne et chère alors que la seconde évoque une voiture médiocre et bon marché.

67. Aucune fois. Il n'y a pas de centimètres dans le dollar.

68. Un dm^3 de plomb.

69. Cécile Cécire souffre de cécité et lit le braille. Elle lit en effet «tout ce qui lui tombe sous la main».

70. Deux heures. Le réveil sonnera à minuit.

71. Onze coups. Le chronomètre part à zéro en même temps que sonne le premier coup. L'horloge sonne ensuite un coup par seconde.

72. Environ 1 kg.

73. Blanc.

74. Hervé s'est acheté une Cadillac.

75. Non. Il n'y a aucune conclusion à tirer des deux énoncés qui n'ont pas de liens entre eux. Cela n'empêche pas un homme, comme le singe de l'énoncé, de descendre d'un arbre dans lequel il serait monté.

76. Non. Il pourrait arriver que personne ne choisisse le nombre gagnant (surtout si j'ai choisi un nombre fractionnaire comme $2^1/_2$).

77. Les mille et une nuits. Les nombres premiers sont ceux qui n'ont que deux diviseurs. Le produit 7 X 11 X 13 = 1001.

78. Il lui en reste neuf.

79. Un mètre.

80. Ils ont un goût identique, puisque le rapport vin-jus est le même.

81. Cinq enfants: trois filles et deux garçons.

82. Non. Nous roulons plus souvent près de notre domicile où nous sommes donc souvent susceptibles d'avoir un accident.

83. Alfred parce qu'Albert est ventriloque.

84. Cette conclusion n'est pas certaine. Nous pourrions avoir.

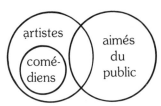

85. a) Suspendre ou suspendu.　　b) Néanmoins.

86. Le chirurgien est sa mère.

87. Un verre à moitié vide est ni moins vide ni plus plein qu'un verre à moitié plein et *vice versa*.

88. Ce sont des siamois. On pourra sûrement pas les séparer parce que l'un deux n'est pas coupable !

89. Trois. Ils seront tous de la même couleur ou alors deux auront la même couleur plus un autre qu'on n'utilisera pas. Treize est le nombre pour être certain d'en avoir deux de couleur différente et quatorze pour être certain d'en avoir deux de telle couleur préalablement déterminée.

90. Le troisième. Après vingt ans, les lions seront morts de faim.

91. Ce sont des parachutistes.

92. B, c, et «Il y a trois propositions fausses». Cela est un paradoxe parce que, si nous acceptons cette réponse, la proposition «Il y a trois propositions fausses» devient alors une proposition vraie.

93. Non. 3965 est égal au double de 1980 plus 5. Cela est facile à comprendre. 1980 plus deux années dont le total fait 1980 (soit 1970 + 10 pour Sylvain et 1965 + 15 pour Sylvie) est nécessairement égal à 3960. À ce

nombre, il faut ajouter 5 puisqu'ils sont chacun en cinquième année.

94. C'est plus payant pour le restaurateur de recevoir deux comédiens qu'un seul client.

95. En réalité, il y a six personnes assises sur six chaises. La deuxième personne occupe la sixième chaise et la septième, qu'on a oubliée, est restée debout.

96. Aucune. Trente pièces de cinq cents (ne pas confondre avec trente-cinq cents; la différence est dans le trait d'union) font un dollar et demi.

97. Le veilleur de nuit dormait à l'ouvrage.

98. 1,19 $. Une pièce de 25 cents, neuf de 10 cents et quatre d'un cent; ou trois pièces de 25 cents, quatre de 10 cents et quatre d'un cent; ou une pièce de 50 cents, une pièce de 25 cents ,quatre pièce de 10 cents et quatre d'un cent.

99. Quatre-vingt-dix millièmes (90/1000) et quatre-vingt dix-millièmes (80/10 000) sont des nombres différents.

100. Son confesseur lui avait dit : «Repens-toi mon fils.»

101. Oui. Il y a sûrement, par exemple, deux personnes complètement chauves qui n'ont absolument aucun cheveu. Même s'il y avait moins de personnes sur terre que de cheveux sur la tête de n'importe qui, il pourrait tout de même arriver que deux personnes aient le même nombre de cheveux. La conclusion est donc toujours vraie et ne découle pas de la première proposition.

102. 2 ½ jours. La hauteur de l'édifice n'est pas une donnée pertinente.

103. Il faut supposer que l'énoncé se fasse un premier jan-

vier et que Pierre soit né un 31 décembre. Avant hier, le 30 décembre de l'an 1, Pierre avait 18 ans. Le jour de l'énoncé, soit le 1er janvier de l'an 2, Pierre avait 19 ans et eut 20 ans le 31 décembre de la même année. L'année prochaine —l'an 3— Pierre aura 21 ans le 31 décembre.

104. Paradoxe. On ne peut répondre ni par oui ni par non sans se contredire.

105. Ils ont tous vingt-huit jours au moins.

106. C'est son père.

107. J'ai soupé.

108. Soixante-dix. Ne par confondre $30 \div 2$ et $30 \div \frac{1}{2}$. La seconde division consiste à savoir combien de fois $\frac{1}{2}$ est contenu dans 30. La réponse est 60 et non 15. On peut aussi calculer en transformant les nombres en notation décimale : $30 \div \frac{1}{2}$ équivaut à $30 \div 0,5$. La réponse est bien 60.

109. Non. La probabilité qu'il y ait une bombe amorcée ne tient pas compte de la première bombe et demeure la même.

110. Je n'ai pas de réponse à proposer sinon que le détecteur de mensonge n'est pas toujours fiable.

111. La première est une pièce de 5 cents et la seconde une pièce de 25 cents.

112. Une pièce ne peut pas être datée à partir d'un événement ultérieur.

113. En versant de l'eau.

114. L'Australie était la plus grande île même avant sa découverte.

115. Trois pièces.

116. Non. Pâris Lafortune pourrait prendre les cinq dollars et en remettre un en disant : «J'ai perdu mon pari». Jean Caisse aurait alors gagné le pari mais perdu quatre dollars.

117. Un tricycle a toujours trois roues.

118. Un nombre infini. La suite 32, 16, 8, 4, 2, 1, $\frac{1}{2}$, $\frac{1}{4}$... est illimitée.

119. Douze est le total maximal que l'on puisse obtenir avec deux dés. Avec trois, la somme maximale est de18.

120. *Enlever* trois allumettes en les plaçant de cette façon : III
    Puis *ajouter* deux autres allumettes pour compléter la figure : IIIII

121. Hélène est décédée assez âgée.

122. Ils ne peuvent utiliser de cuiller à thé (athées).

123. À croire l'affiche, l'arbre était un amandier puisqu'Armande promet des amandes. Elle aurait dû écrire *amende*.

124. *L'Art d'être bref* est un ouvrage en vingt-quatre volumes.

125. Dans ce problème, comme dans tous les autres, ce n'est pas tant la réponse *oui* ou *non* qui importe que la justification. Mathématiquement, la propriété du zéro absorbant permet d'affirmer : 0 ¢ = 0 $ = 0 million = 0. Chacun a donc rien du tout. On pourra argumenter que, si Fortuné Richard a zéro million, il peut tout de même avoir au moins quelques cents; ce qui le ferait plus fortuné que Désiré Sincenne. Cela est possible sans être certain. De plus, chaque cent valant un cent-millionnième d'un million de dollars,

Fortuné aurait alors menti en disant avoir zéro million de dollars. De tout cela, une chose est bien certaine : ils ne sont pas millionnaires ni l'un ni l'autre et sont de ce fait sous le même pied. Il est possible qu'ils aient tous les deux zéro cent ou encore que Fortuné ait plus d'argent, mais comment savoir ?

126. Six poules. Si six poules pondent 6 œufs en 6 jours, alors ces six poules pondent seulement un œuf par jour et pondront 100 œufs en 100 jours.

127. Nanette Toutan-Boisvert devrait demander par qui le cannibale a-t-il été mangé. Par un lion ou par un autre cannibale ?

128. Un écriteau demandait de s'assécher les pieds avant d'entrer.

129. Le médicament était un somnifère.

130. Pas nécessairement. Une petite voiture peut facilement asseoir deux enfants avec chacun leur père et leur grand-père paternel.

PRINCIPES PÉDAGOGIQUES D'UTILISATION EN CLASSE

Trop souvent, l'école enseigne des savoirs arbitraires présentés comme des vérités absolues que les élèves ne peuvent pas comprendre puisqu'elles sont discutables et souvent fausses. Je me souviens, par exemple, d'avoir surveillé un examen d'écologie où on demandait d'énumérer les «cinq» caractéristiques des vivants, comme si ceux-ci n'en avaient que cinq ! J'ai en outre peine à comprendre comment l'une d'elle, la locomotion, puisse s'appliquer aux plantes ! Les élèves apprennent, en classe de français, que «l'adverbe modifie le sens d'un verbe, d'un adjectif ou d'un autre adverbe.» Or, cela est très faux. Dans cette dernière phrase, l'adverbe *très* ne modifie aucunement le sens de *faux*. On a longtemps enseigné que Nelligan était fou alors qu'on ne trouve aucun indice de folie dans sa poésie. On enseigne encore que la multiplication est une addition répétée. Or, si $0,1 \times 0,1 = 0,01$, combien de fois faudra-t-il additionner $0,1$ pour obtenir $0,01$? Il n'est pas du tout évident pour les élèves que $2 \div 3$ fasse simplement $2/3$. Pour eux, cela ne peut faire que $0,66$. Je déduis de tous ces exemples qu'il n'est pas d'apprentissage valable si tout ce qu'on enseigne n'est pas clairement signifiant, donc facilement compréhensible. Cela m'amène à la distinction suivante: l'enseignement de la mathématique doit moins viser à faire acquérir des connaissances et des habiletés qu'à faire comprendre. C'est précisément ce qu'on fait très peu. L'enseignement de la mathématique est orienté vers des notions présentées sous forme de recettes (algorithmes), comme des formules magiques à appliquer tout simplement, mais rigoureusement et sans réfléchir. Nous maintenons ainsi les élèves au stade de la pensée magique où la mathématique devient presqu'une science ésotérique et difficilement accessible.

Donnons en classe les problèmes suivants :

$$^2/_7 + {}^3/_7 =$$
$$2a + 3a =$$

Combien comprennent suffisamment le concept de l'addition pour reconnaître qu'il s'agit en réalité de deux formes différentes du même problème ? Quelques élèves répondront qu'ils ne se souviennent pas ou reprocheront à l'enseignant de ne pas avoir expliqué. La majorité fouilleront dans leur «fourre-tout mental» de formules magiques et parmi eux, plusieurs se tromperont en indiquant $^5/_{14}$ ou $5a^2$. Ceux-là vraisemblablement, ne comprennent pas du tout le processus de l'addition. Ils auraient pourtant tous obtenu la bonne réponse si on leur avait demandé $2\$ + 3\$ =$. Doit-on par ailleurs conclure que ceux qui ont assez d'intuition et de mémoire pour appliquer correctement le bon algorithme ont d'avantage compris toute la signification de ce qu'ils font ? J'en doute. Je suis persuadé que même ceux qui obtiennent des résultats satisfaisants en mathématique ne comprennent pas toujours ce qu'ils savent apparemment faire. C'est pourquoi ces pseudo savoir-faire s'oublient si rapidement et se transforment souvent en des propositions insensées comme les suivantes :

$1 \, ^1/_3 + 2 \, ^1/_3 = 1 + 2 = 3 + {}^1/_3 + {}^1/_3 = 3 \, ^2/_3$ (emploi abusif du signe de l'égalité)

$0,5 + 0,5 = 0,10$

$2 \div {}^1/_3 = 2 \times {}^1/_3 = {}^2/_3$ (propriété de l'inverse multiplicatif)

Un tiers de 30 : $30 \div {}^1/_3 = 30 \times {}^3/_1 = 90$ ultiplicatif)

$-3 - 2 = -3 + 2 = -1$ (propriété de l'inverse additif)

$6,06 \div 3 = 22$

Ou en résolvant des équations :

$$x = {}^{.0}/_7$$
$$0\,x = 5\,x$$
$$x = 20 \text{ reste } 20$$

Je me heurte souvent à la résistance des élèves lorsque j'essaie de m'adresser à leur faculté de compréhension (en tentant de leur faire découvrir des notions plutôt qu'à leur faculté d'exécution (en leur montrant des algorithmes à appliquer). Mais ils sont tellement conditionnés par l'enseignement qu'ils ont toujours reçu, que les mathématiques ne sont seulement pour eux que question de trucs, trucs qu'ils connaissent d'ailleurs déjà et qu'ils utilisent souvent très incorrectement. Pour eux, un bon prof de math c'est celui qui «enseigne bien», c'est-à-dire celui qui explique les recettes permettant d'obtenir, au bon moment, sans avoir besoin de réfléchir, la bonne solution et la bonne réponse dans le bon problème. On appelle «comprendre les mathématiques» le fait d'avoir été ainsi programmé.

Le correctif est assurément dans la résolution de problèmes. Mais il reste, à mon avis, à en développer une pédagogie qui devrait tenir compte des deux principes suivants :

1- <u>Enseigner beaucoup moins de concepts mathématiques à l'élémentaire pour davantage faire explorer et découvrir en résolvant différents types de problèmes</u>

On enseigne trop de choses à l'élémentaire que les élèves n'ont pas le temps d'assimiler. Au-delà de la numération et des opérations de base, il ne faudrait pas tant enseigner les mathématiques aux écoliers que les motiver à se confronter à une grande variété de problèmes, y compris des problèmes mathématiques. Une telle approche beaucoup plus globalisante serait en même temps beaucoup plus éducative. Si on se contentait de développer le sens de la recherche, le goût de la découverte, la capacité d'explorer, d'essayer, de découvrir par soi-même, la compréhension des mathématiques pourrait ensuite s'appuyer sur des structures mentales beaucoup plus solides. Les élèves pourraient facilement apprendre au secondaire, très rapidement et pour la vie, les notions mathématiques qui pourraient éventuellement leur manquer.

2- <u>La didactique de la résolution de problèmes ne doit pas être que mathématique mais pluridisciplinaire</u>

Les élèves du secondaire évitent trop souvent par des «Je ne comprends pas» des problèmes pourtant faciles. Dès l'élémentaire, on pourrait les encourager à considérer ces incompréhensions comme normales à tout problème et surtout comme un point de départ. Il faudrait ensuite leur apprendre et aussi leur laisser le temps:

1- d'explorer la situation problématique
2- d'exploiter leur créativité pour imaginer diverses hypothèses ou solution
3- d'évaluer en groupe ces différentes solutions pour en choisir une qui semblera meilleure
4- d'en rédiger une présentation convenable
5- d'évaluer le tout

Cette démarche est pluridisciplinaire. Elle est aussi à la fois individuelle et collective. Il importe que les problèmes soient de tout ordre y incluant des problèmes mathématiques.

Je n'ai pas voulu faire un autre recueil de problèmes mathématiques. Il en existe d'excellents. Je présente seulement un recueil de petits problèmes amusants. Leur but est certes de divertir, mais aussi de permettre de faire les premiers apprentissages d'une démarche de résolution de problèmes. C'est surtout, si j'ose dire, une préparation lointaine et amusante à l'affrontement des multiples complexités que réserve l'avenir.

Robert Larin

BIBLIOGRAPHIE

DÉSILET, Jean et ROY, Daniel, *L'Apprentissage du rai-sonnement*, 2e édition, Montréal, HRW, 1986.

DUCRET, Étienne, *Divertissements mathématiques*, Paris, Garnier, 1980

GARDNER, Martin, *Le Paradoxe du pendu*, Paris, Dunod, 1971.

GARDNER, Martin, *Grammatical Magic Show*, N.Y., 1977, dans *Sélection du Reader's Digest*, mars 1978, pp. 25-26.

GARDNER, Martin *La Magie des paradoxes*, Paris, Pour la science, 1980.

PEF, *Le livre des nattes*, Paris, Gallimard, 1986 (collection «Folio cadet», n° 133).

SMULLYAN, Raymond, *Quel est le titre de ce livre?*, Paris, Dunod, 1981.

AUX ÉDITIONS DE LA PAIX

125, Lussier
Saint-Alphonse-de-Granby
Qc, JOE 2A0
Téléphone et télécopieur : (514) 375-4765

Huguette Bélanger
La fin est un commencement

Daniel Bédard
Le Froid au Coeur
(Prix Marie-Claire-Daveluy)

Hélène Desgranges
Le Rideau de sa Vie
Le Givré

Colette Fortier
Née Demain

Serge Godin
Le Parfum de la douleur

Gilles-André Pelletier, *Les Nomades*
I. Le Grand Départ
II. L'Entremurs
III. La Forêt
IV. La Traversée

Monique Plante
J'ai mal à ma vie
Par les fenêtres du coeur

Émile Roberge
... mais amour

Jean-Paul Tessier
L'Ère du Versant

FRANÇOIS, *le rêve suicidé*
FRANCIS, *l'âme prisonnière*
MICHEL, *le grand-père et l'enfant*

François Trépanier
Je Construis mon Violon

Yves Vaillancourt
Un certain été